“十三五”国家重点图书出版规划项目

画说兔常见病快速诊断与防治技术

中国农业科学院组织编写

黄　兵　主编

中国农业科学技术出版社

图书在版编目（CIP）数据

画说兔常见病快速诊断与防治技术 / 黄兵主编 . —北京：中国农业
科学技术出版社，2020. 2

ISBN 978-7-5116-4597-5

Ⅰ . ①画… Ⅱ . ①黄… Ⅲ . ①兔病—诊疗—图解 Ⅳ . ①S858.291-64

中国版本图书馆 CIP 数据核字（2020）第 017917 号

责任编辑	崔改泵　李　华
责任校对	贾海霞

出 版 者	中国农业科学技术出版社
	北京市中关村南大街12号　　邮编：100081
电　话	（010）82109708（编辑室）　（010）82109702（发行部）
	（010）82109709（读者服务部）
传　真	（010）82106650
网　址	http://www.castp.cn
经 销 者	各地新华书店
印 刷 者	北京富泰印刷有限责任公司
开　本	880mm×1 230mm　1/32
印　张	3
字　数	72千字
版　次	2020年2月第1版　　2020年2月第1次印刷
定　价	29.80元

编委会

《画说『三农』书系》

主　任	张合成		
副主任	李金祥	王汉中	贾广东
委　员	贾敬敦	杨雄年	王守聪　范　军
	高士军	任天志	贡锡锋　王述民
	冯东昕	杨永坤	刘春明　孙日飞
	秦玉昌	王加启	戴小枫　袁龙江
	周清波	孙　坦	汪飞杰　王东阳
	程式华	陈万权	曹永生　殷　宏
	陈巧敏	骆建忠	张应禄　李志平

序言

《画说『三农』书系》

农业、农村和农民问题，是关系国计民生的根本性问题。农业强不强、农村美不美、农民富不富，决定着亿万农民的获得感和幸福感，决定着我国全面小康社会的成色和社会主义现代化的质量。必须立足国情、农情，切实增强责任感、使命感和紧迫感，竭尽全力，以更大的决心、更明确的目标、更有力的举措推动农业全面升级、农村全面进步、农民全面发展，谱写乡村振兴的新篇章。

中国农业科学院是国家综合性农业科研机构，担负着全国农业重大基础与应用基础研究、应用研究和高新技术研究的任务，致力于解决我国农业及农村经济发展中战略性、全局性、关键性、基础性重大科技问题。根据习总书记"三个面向""两个一流""一个整体跃升"的指示精神，中国农业科学院面向世界农业科技前沿、面向国家重大需求、面向现代农业建设主战场，组织实施"科技创新工程"，加快建设世界一流学科和一流科研院所，勇攀高峰，率先跨越；牵头组建国家农业科技创新联盟，联合各级农业科研院所、高校、企业和农业生产组织，共同推动我国农业科技整体跃升，为乡村振兴提供强大的科技支撑。

组织编写《画说"三农"书系》，是中国农业科学院在新时代加快普及现代农业科技知识，帮助农民职业化发展的重要举措。我们在全国范围遴选优秀专家，组织编写农民朋友用得上、喜欢看的系列图书，图文并茂展示先进、实用的农业科技知识，希望能为农民朋友提升技能、发展产业、振兴乡村做出贡献。

中国农业科学院党组书记 张合成

2018年10月1日

前言

《画说『三农』书系》

兔食品加工和兔毛纺织业的发展很快，同时兔养殖精准扶贫计划作为国家乡村振兴的一部分，促使兔养殖业得到了迅猛的发展。与其他动物疾病相比，兔疾病种类并不算多，然而生产实践中多种病原都能引发兔呼吸道疾病、消化道疾病或生殖系统疾病等，即使临床经验很丰富的专家，在确诊时亦常常受到很大的困扰。因此，编者结合兔疾病流行情况，将多年的兽医临床经验进行总结并编写了本书。

本书包括了26种兔常见疾病（其中3种病毒病，12种细菌病和4种寄生虫病）。书中内容简单明了、重点突出，并通过图片方式将兔疾病的临床症状和病理变化直观地展示出来，使广大基层兽医或兔养殖人员能清晰地对各种疾病作出正确判断。

参与编写本书的人员包括山东省农业科学院、山东省动物疫病预防与控制中心、山东省滨州畜牧兽医研究院、河北农业大学、临沂市畜牧发展促进中心、青岛西海岸新区动物疫病预防与控制中心、齐鲁动物保健品有限公司、沂南县家园兔业养殖专业合作社等单位的长期从事兔病诊断、免疫、防治的有关专家和兔养殖一线科技人员。

由于编写时间仓促且编写水平有限，书中可能存在一些缺点，特别是某些疾病的相关图片相对较少，在今后的修订中将予以补充和完善。

编　者

2019年10月

Contents 目 录

第一章

病毒病

一、兔病毒性出血症

（一）简介

兔病毒性出血症又名兔瘟、兔出血性肺炎、兔出血症，是由兔出血症病毒引起的一种急性、高度接触传染性和致死性的传染病，以体温升高、呼吸系统和全身实质器官出血为主要特征。

（二）病原

病原为兔出血症病毒（Rabbit haemorrhagic disease viruses，RHDV），属嵌杯状病毒科兔病毒属成员。兔出血症病毒有2种抗原亚型RHDVa和RHDVb，其中RHDVa含有6个基因型。

（三）流行特点

本病一年四季均可发生，多流行于冬、春季节。4周龄以上的兔最易感，哺乳期仔兔基本不发病，断奶幼兔有一定的抵抗力。潜伏期1～3d，通常在感染发热后12～36h死亡。病死兔、隐性感染兔是主要的传染源，消化道是主要的传播途径。

（四）临床症状

根据症状分为最急性、急性和慢性3个类型。

1. 最急性型

无任何明显症状，往往突然倒地，气喘，头向后仰，四肢不断划动呈游泳状，最后惨叫几声猝死。有的正进食而突然死亡。少数病兔鼻腔内流出泡沫状鲜红血液。

2. 急性型

多发于流行中期。病兔精神不振，食欲减退，渴欲增加，气喘，体温升至41℃以上。死前呼吸急促，兴奋、狂奔、仰头、抽搐，体温突然下降，突然尖叫几声倒地而死。少数病兔鼻腔内流出血样液体。患兔死前肛门松弛，流出少量淡黄色的黏性稀便（图1-1-1至图1-1-5）。

图1-1-1　精神沉郁，伏地不动

图1-1-2　四肢僵直

图1-1-3　角弓反张、鼻腔出血

图1-1-4　少数鼻孔有血液流出

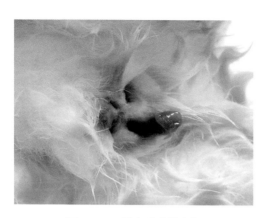

图1-1-5　排出黏液性粪便

3.慢性型

多见于流行后期或疫区。病兔体温至41℃左右，精神萎靡，食欲不振，渐进性消瘦，最终衰竭而死。少数病例转归良好。

（五）剖检变化

病死兔出现全身败血症变化，各脏器都有不同程度的水肿、充血和出血。

口、鼻、耳、肛等天然孔常有血液流出。喉头、气管黏膜淤血或弥漫性出血，以气管环最明显，气管和支气管内有泡沫状血液。肺高度水肿，一侧或两侧有大小不等的出血斑点，切面流出多量红色泡沫状液体。心包多有积液，心内、外膜出血。肝脏肿大，色黄，有出血斑点。脾脏暗紫色、肿大明显、边缘有梗死。肾肿大、紫红色，常与淡色变性区相杂而呈花斑状，被膜下可见点状出血。胃黏膜潮红，肠浆膜可见出血斑点。胰腺有出血点。全身淋巴结肿大、出血（图1-1-6至图1-1-20）。

图1-1-6　皮下弥漫性出血

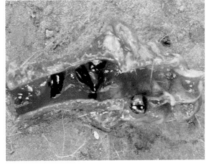

图1-1-8　气管黏膜出血，
有出血环、血斑

图1-1-7　气管环出血或带有气泡的黏液

图1-1-9　肺脏大面积出血、水肿

图1-1-10　出血斑点

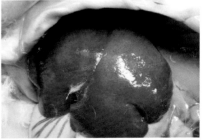

图1-1-11　肝黄色或白色坏死条纹

图1-1-12 肝脏肿大、出血

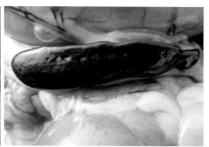

图1-1-13 脾脏肿大、出血

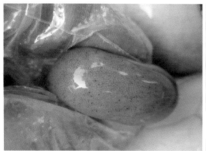

图1-1-14 肾点状出血

图1-1-15 肾脏皮、髓质出血

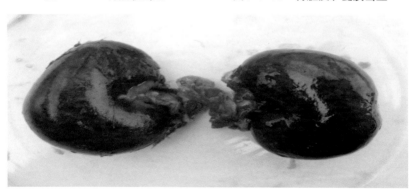

图1-1-16 肾肿大，有出血斑点，梗死

图1-1-17　胸腺水肿，有出血斑点　　　图1-1-18　胃表面散在出血点

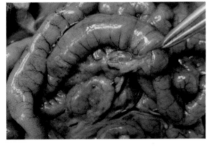

图1-1-19　小肠套叠，有出血斑点　　　图1-1-20　黏液性粪便

（六）诊断

根据流行病学、临床症状、病理变化等可作出初步诊断。确诊需进行病原学检查和血清学试验。注意与兔巴氏杆菌病鉴别。

（七）防治措施

1. 预防

加强饲养管理，注重卫生防疫、消毒、引种隔离工作。定期使用兔瘟灭活疫苗进行免疫。一般首免30～35日龄，兔瘟单苗或兔瘟一

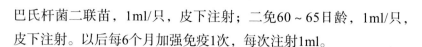

巴氏杆菌二联苗，1ml/只，皮下注射；二兔60～65日龄，1ml/只，皮下注射。以后每6个月加强免疫1次，每次注射1ml。

2.治疗

一旦发生，立即封锁、隔离、消毒，对病死兔消毒后深埋或焚烧，做无害化处理。对患兔可使用兔瘟高免血清注射，每只4～6ml，7～10d后再进行疫苗免疫。对假定健康兔紧急接种2～3倍剂量的兔瘟灭活疫苗，同时在饲料中添加黄芪多糖、紫锥菊等抗病毒中药5～7d，并辅助添加电解多维或葡萄糖饮水。

二、水疱性口炎

（一）简介

兔水疱性口炎又称兔"流涎病"，是由水疱口炎病毒引起的一种急性传染病。主要特征是病兔口腔黏膜发生水疱性炎症，伴有大量流涎。该病具有较高的发病率和死亡率，幼兔死亡率可达50%。

（二）病原

病原为水疱性口炎病毒（Vesicular stomatitis virus），属弹状病毒科水疱病毒属。主要存在于水疱液、水疱及局部淋巴结中。

（三）流行特点

本病原只感染兔，不感染其他动物。常发于春、秋季，主要危害1～3月龄幼兔，其中断奶1～2周的幼兔最常见，成年兔很少发生。病兔和带毒兔是重要的传染源，通过口腔分泌物或坏死黏膜向外排毒，主要经消化道感染，水平传播。饲养管理不当、饲喂霉变或有刺的饲料、口腔黏膜损伤等均可诱发本病。

（四）临床症状

发病初期唇和口腔黏膜充血潮红，逐渐出现粟粒至黄豆大小不等的水疱，水疱内充满清澈的液体，破溃后形成溃疡，大量恶臭液体顺口角流出，流涎处被毛粘湿，粘连成片，发生炎症、脱毛。若继发细菌感染，常引起唇、舌、口腔黏膜坏死。多数减食或停食，精神萎靡，常伴有消化不良和严重腹泻，病兔渐进性消瘦，一般在发病后2～10d死亡（图1-2-1、图1-2-2）。

图1-2-1　口流涎，沾湿被毛，造成炎症或脱毛

图1-2-2　口腔黏膜溃疡

（五）剖检变化

唇、舌、口腔黏膜可见水疱、糜烂或溃疡，咽喉部有多量泡沫状液体，唾液腺红肿，胃肠黏膜常有卡他性炎症。

（六）诊断

根据流行病学（常发于春、秋季，主要危害1～3月龄幼兔，其中断奶1～2周的幼兔最常见）、临床症状（水疱、大量流涎）和病变（口腔黏膜水疱性炎症、糜烂、溃疡）等特征性症状可作出初步诊断。应与兔痘、霉菌中毒进行鉴别。确诊需进行病毒分离鉴定或血清学中和试验。

（七）防治措施

1. 预防

加强饲养管理，禁用带芒刺、粗糙饲草饲喂幼兔，避免损伤口腔黏膜。经常对笼具进行检查并严格消毒。坚持自繁自养，对引进的种兔要隔离观察1个月以上，健康无病才可入群。

2. 治疗

一旦发现有流涎的病兔，要立即隔离，局部与全身兼治，并对笼具消毒，防止扩散。

局部治疗：或用2%硼酸溶液、0.1%高锰酸钾溶液或1%盐水清洗口腔，然后涂擦碘甘油、明矾与少量白糖的混合剂，每日2次，连续3～5d。

全身治疗：结合局部治疗同时每只病兔用复方新诺明0.5g，维生素B$_1$、维生素B$_2$各1片，研磨配成悬液一次滴入口中，2次/d，连用2～3d；或者每只病兔皮下注射头孢噻呋钠0.02～0.05g，2次/d；或内服磺胺二甲嘧啶0.2～0.5g，1次/d。

三、轮状病毒病

（一）简介

本病是由轮状病毒引起仔兔的一种急性肠道传染病，其特征为水样腹泻和脱水。

（二）病原

病原为轮状病毒（Lapine rotavirus，LaRV），属呼肠弧病毒科轮状病毒属的成员。

（三）流行特点

主要发生于2～6周龄的仔兔，尤以4～6周龄仔兔最易感。青年兔、成年兔一般呈隐性感染而带毒。病兔及带毒兔是主要传染源，主要经消化道感染。传播方式为水平传播，新发病群往往呈暴发性传播。兔群一旦发病，每年将连续发生，很难根除。

（四）临床症状

无特征性的临床症状，病兔表现为突然发病，嗜睡，减食或绝食，排半流质或水样稀便，并含黏液或血液；肛门周围及后肢被毛被粪便污染（图1-3-1）；病兔迅速脱水、消瘦，多于下痢后3d左右死亡，病死率可达40%以上。病程长者可见眼球下陷等脱水症状。

（五）剖检变化

病变主要在肠道，可见小肠，尤其是空肠和回肠充血、出血、肠壁变薄、膨胀，肠黏膜有

图1-3-1　仔兔肛门周围被黏液性稀粪污染

大小不等的出血斑。盲肠膨胀，内含大量稀薄液体。其他脏器无明显病变。

（六）诊断

根据流行病学、临床症状及病理变化作出倾向性诊断，但引起兔急性腹泻的病因较多，往往需要更准确的实验室诊断才能确诊，即从粪便中检出轮状病毒或其抗原，或从血清中检出轮状病毒抗体。

该病易与大肠杆菌等腹泻病相混淆。大肠杆菌引起的腹泻粪便中有胶冻样黏液，腹泻与便秘交替出现。

（七）防治措施

1. 预防

目前尚未有预防的疫苗和有效的治疗方法，重点应放在平时预防上。应加强对断奶仔兔的饲养管理，给予仔兔充足的初乳和母乳，及严格卫生防疫措施。

2. 治疗

一旦发生本病，应立即隔离消毒，及时补液、收敛止泻（如鞣酸蛋白），并用抗菌药物（庆大霉素、丁胺卡那霉素等）防止继发感染。有条件的可用高免血清治疗，2ml/kg体重，皮下注射，1次/d，连用3d。

第二章

细菌病

一、大肠杆菌病

（一）简介

兔大肠杆菌病又称黏液性肠炎，是由致病性大肠杆菌及其产生的毒素所引起的仔兔、幼兔肠道传染病。以排水样或胶冻样粪便及脱水为主要特征。

（二）病原

大肠杆菌（*Escherichia coli*，*E.coli*），为革兰氏阴性无芽孢短杆菌。

（三）流行特点

一年四季均可发生。各种年龄的兔均有易感性，尤以1~3个月龄仔、幼兔最易感，且病程长，反复发作，死亡率高，而成年兔很少发病。主要通过消化道感染。

（四）临床症状

粪便里含有胶冻样黏液，体温一般正常或低于正常，精神沉郁，食欲减少，腹部膨胀。发病初期粪便细小，两头尖或成串，外包透明胶冻状黏液；有时带黏液粪球与正常粪球交替排出；之后剧烈腹泻，排出黄色水样稀便或白色泡沫状粪便，污染肛门。急性病例通常1～2d死亡（图2-1-1至图2-1-4）。

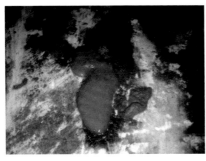

图2-1-1　仔兔排出大量灰绿色稀便　　图2-1-2　排出胶冻样粪便

图2-1-3　稀便污染肛门和后肢　　图2-1-4　肛门仅排出白色泡沫状黏液

（五）剖检变化

胃膨大，充满液体和气体。各段肠道黏膜均有不同程度的充血、出血，肠壁变薄，并充满半透明胶冻样液体，伴有气泡，有时呈红褐色粥样。部分病兔心、肝有小点状坏死灶。幼兔胸腔可见纤维性渗出物，胸膜与肺粘连，肺实变和坏死（图2-1-5至图2-1-16）。

（六）诊断

根据断奶前后仔、幼兔多发，排胶冻样粪便，小肠胀气，内有黏液和胶冻样液体等特点可作出初步诊断。确诊需做细菌学检查。应与魏氏梭菌病、球虫病进行鉴别。

图2-1-5　病死兔腹部膨大　　　　图2-1-6　腹部膨大

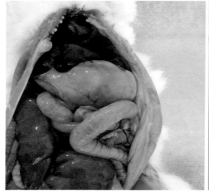

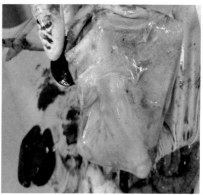

图2-1-7　胃臌气、膨大　　　图2-1-8　胃黏膜脱落，内容物胶
　　　　　　　　　　　　　　　　　　冻样黏液

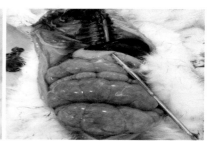

图2-1-9　小肠内充满淡黄色黏液　　图2-1-10　盲肠膨大，充满黏液和气体

图2-1-11 盲肠黏膜水肿

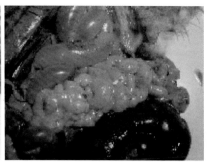

图2-1-12 小肠内充满气体和
淡黄色黏液

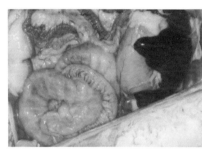

图2-1-13 盲肠、结肠和直肠极度水肿

图2-1-14 严重时小肠出血呈现"红肠"

图2-1-15 肺水肿、充血、出血

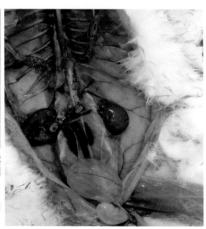

图2-1-16 膀胱积尿

（七）防治措施

1. 预防

加强饲养管理，减少各种应激。仔兔断乳前后，饲料应逐步加量和改变，定时定量饲喂，以免引起肠道菌群紊乱。做好兔舍卫生，保持舍温相对恒定。常发病兔场，可用本场分离的大肠杆菌制成灭活苗预防，或口服药物，连用3~5d。

2. 治疗

最好先对分离的大肠杆菌做药物敏感试验，选择敏感药物进行治疗。链霉素，20mg/kg体重，肌注，2次/d，连用3~5d；或庆大霉素，2万~3万IU/kg体重，肌注，2次/d，连用3~5d；或卡那霉素，25万IU/kg体重，肌注，2次/d，连用2~3d。

对症治疗：5%葡萄糖盐水20~50ml，加维生素C 1ml，皮下或腹腔注射，以防脱水。

辅助疗法：增加电解多维或微生态制剂。

二、魏氏梭菌病

（一）简介

魏氏梭菌病又称产气荚膜梭菌病、兔梭菌性肠炎，是由A型和E型魏氏梭菌及其所产生的外毒素引起的家兔急性消化道传染病。以急性水样腹泻和迅速死亡为特征。发病率和死亡率均很高。

（二）病原

病原为魏氏梭菌（Clostridium welchii）即产气荚膜杆菌（Clostridium perfringens），革兰氏阳性有荚膜芽孢杆菌。一般可分为A、B、C、D、E、F六型，主要由A型引起，少数为E型。

（三）流行特点

该病一年四季均可发生，以冬、春季最为常见。多呈地方性流行或散发。各品种、年龄的家兔均易感，尤其1～3月龄高发。病兔是主要传染源。消化道是主要传播途径。饲养管理不当、天气骤变等因素均可诱发本病。

（四）临床症状

急剧水样腹泻，粪便有特殊的腥臭味，呈黑褐色或黄绿色，肛门附近及后肢被粪便污染。外观腹部膨胀，轻摇兔体可听到"咣当咣当"的拍水声。提起患兔，粪水即从肛门流出。后期可视黏膜发绀，体温偏低，双耳发凉，四肢无力，拒食并严重脱水。大多数病兔在出现水泻的当天或次日死亡，少数可拖1周或更久（图2-2-1至图2-2-3）。

图2-2-1　粪便糊肛门

图2-2-2　卷缩弓背，稀便污染臀部

图2-2-3　腹泻

（五）剖检变化

尸体脱水、消瘦，剖开腹腔可闻到特殊腥臭味。胃内充满食物和气体，胃黏膜脱落，有出血斑点和大小不一的黑色溃疡灶。小肠充满含气泡的稀薄内容物，肠壁弥漫性出血、薄而透明。盲肠肿大，黏膜有横向条纹状出血，内容物呈黑红色水样，有腥臭味。部分病例的膀胱内积有茶色或蓝色尿液（图2-2-4至图2-2-9）。

图2-2-4　胃溃疡　　　　　　图2-2-5　胃底黏膜脱落，
　　　　　　　　　　　　　　　　　　　　有黑色溃疡灶

图2-2-6　盲肠出血　　　　　　图2-2-7　胃穿孔

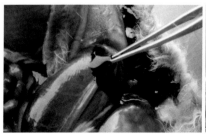

图2-2-8　膀胱充满血样尿液　　　图2-2-9　膀胱充满茶样尿液

（六）诊断

根据流行病学、临床症状和病理变化可作出初步诊断。确诊需要进一步做细菌学检查、血清学诊断和动物接种试验。应与轮状病毒病、球虫病、沙门氏菌病、泰泽氏病进行鉴别。

（七）防治措施

1. 预防

加强饲养管理，合理搭配精粗料，变换饲料应逐步进行，禁喂发霉变质的饲料，减少各种应激因素。

定期预防：35日龄首免兔瘟—巴氏杆菌病—魏氏梭菌病三联苗1ml/只，成年兔每4个月免疫1次，2ml/只。

2. 治疗

一旦发现病兔或可疑发病兔，应立即隔离治疗或淘汰，做好消毒工作。使用A型魏氏梭菌高免血清，5～10ml皮下注射，1次/d，连用2～3d即可康复。使用魏氏梭菌疫苗进行紧急接种，每只3～4ml皮下注射，同时注射甲硝唑25mg/kg体重，2次/d，并在饲料中加入1%的木炭粉以吸收细菌毒素。

对症治疗：腹腔注射5%葡萄糖生理盐水，口服食母生5～8g/只和胃蛋白酶1～2g/只，疗效更佳。

三、巴氏杆菌病

（一）简介

巴氏杆菌病即出血性败血病，是由多杀性巴氏杆菌引起的一种急性传染病。

（二）病原

病原为多杀性巴氏杆菌（*Pasteurella multocida*），为革兰氏阴性、两端钝圆、细小、呈卵圆形的短杆菌。

（三）流行特点

一年四季均可发生，但以春、秋两季较为多见，呈散发或地方性流行。各种年龄、品种的家兔均易感，主要发生于青年兔和成年兔，哺乳仔兔很少发病。病兔和带菌兔是主要的传染源，主要经消化道或呼吸道感染，也可经皮肤黏膜的破损伤口感染。

一般30%～75%的家兔上呼吸道黏膜和扁桃体带有巴氏杆菌，但无症状。当各种因素（气温突变、饲养管理不良、长途运输等）使兔体抵抗力降低时，体内的巴氏杆菌大量繁殖，其毒力增强，从而引起发病。

（四）临床症状

1. 败血型

多呈急性经过，全身出血性败血症。病程短的24h内死亡，往往无明显症状而突然死亡。病程长的1～3d死亡，表现为精神沉郁、厌食，体温41℃以上，呼吸急促，鼻孔流浆液性或脓性鼻液。死前体温陡降，四肢抽搐。

2. 鼻炎型

比较多见，病程很长，一般数日至数月不等。以鼻腔流出浆液性、黏液性或脓性鼻液为特征。病兔常打喷嚏、咳嗽，鼻液在鼻孔周围结痂造成鼻孔堵塞，导致呼吸困难并发出呼噜声。由于病兔用前爪抓擦鼻部，将病菌带入眼内、皮下等诱发其他病症（图2-3-1至图2-3-3）。

3. 肺炎型

病兔精神沉郁，食欲不振或废绝，在笼内运动较少，一般不表现明显的呼吸症状，多呈腹式呼吸，病程长短不一，多因消瘦、衰竭而死。

4. 中耳炎型

也称斜颈病。单纯的中耳炎常无明显症状，但若病菌扩散至内耳及脑部，病兔会出现斜颈症状，严重的病兔向头颈倾斜的一侧滚转，一直到被物体阻挡为止，部分病兔耳孔流出脓性分泌物。由于两眼不能正视，患兔饮食极度困难，因而逐渐消瘦（图2-3-4）。

5. 结膜炎型

又称烂眼病，多发于青年兔和成年兔。临床表现为眼睑红肿，结膜潮红，有浆液性、黏液性或脓性分泌物流出，常将眼睑粘住，有时可导致失明（图2-3-5）。

6. 脓肿型

全身各部位皮下、内脏都可发生脓肿，皮下脓肿用手可触及。有的脓肿被膜破溃流出白色、黄褐色脓性分泌物，慢性脓肿可形成干酪状物。

图2-3-1 鼻炎分泌物结痂

图2-3-2 鼻炎流浆液性鼻液

图2-3-3　黏性鼻涕，呼吸困难　　　　图2-3-4　中耳炎头扭向一侧

图2-3-5　化脓性眼结膜炎（结膜发炎，有白色脓性分泌物）

（五）剖检变化

1. 败血型

剖检可见全身性充血、出血和坏死。此型可单发或继发于其他任何型巴氏杆菌病，但常继发于鼻炎型和肺炎型之后，此时可同时出现其他型的症状和病变（图2-3-6至图2-3-8）。

2. 鼻炎型

初期鼻黏膜充血、水肿。后期鼻腔内充满浆液性、脓性分泌物。

3. 肺炎型

主要病变在肺部，以急性纤维素化脓性肺炎和胸膜炎为特征。小兔常表现为胸腔积液；成年兔常表现为胸膜和肺有纤维素性絮体。眼观肺实变，萎缩、脓肿和灰白色小结节（图2-3-9至图2-3-13）。

4. 中耳炎型

一侧或两侧鼓室内有白色或淡黄色渗出物。鼓膜破裂时，渗出物流出外耳道。如果炎症由中耳、内耳蔓延至脑部，则可见化脓性脑膜脑炎病变。

5. 脓肿

脓肿有被膜包裹，内部充满白色、黄褐色奶油样脓汁。病程长者脓汁可变为干酪样物被厚厚的结缔组织包围。

图2-3-6　气管环弥漫性出血

图2-3-7　气管充满泡沫

图2-3-8　气管环出血、气管内有
　　　　　脓性分泌物

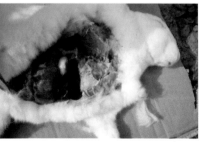

图2-3-9　肺脏脓包

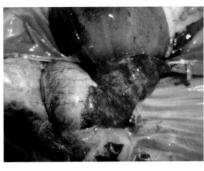
图2-3-10　肺脏出血

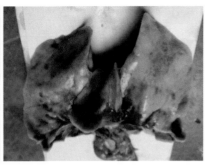
图2-3-11　后期肺叶泡沫状

图2-3-12　肝脏坏死灶

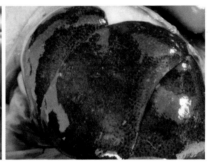
图2-3-13　肝脏有白色坏死点

（六）诊断

根据不同病型的临床症状、病理变化可作出初步诊断。确诊需做细菌学检查。应与兔病毒性出血症、兔波氏杆菌病、兔李斯特氏杆菌病、野兔热相区别。

（七）防治措施

1.预防

坚持自繁自养，确需引种时要注意对新引进的家兔进行严格检查，隔离观察一个月，无病后方可入群。加强饲养管理，控制饲养密度，保持通风良好，定期消毒，做好兔舍内外环境卫生。对兔经常进行临诊检查，发现有流鼻涕、鼻毛潮湿蓬乱、中耳炎、结膜炎等症状的兔应及时挑出，隔离饲养和治疗。发病严重兔场可每年3~4次注射兔病毒性出血症—兔多杀性巴氏杆菌二联灭活疫苗或兔多杀性巴氏杆菌灭活疫苗，有良好的预防效果。本病高发期（春、秋季）应加强舍内温湿度控制，同时配合聚维酮碘、戊二醛、银离子消毒剂等喷雾消毒，可以有效降低本病的发病率。

2. 治疗

一旦发现本病，立即隔离、治疗、淘汰和消毒。对中耳炎型病兔坚决淘汰。

成年家兔可用以下药物治疗：林可霉素，10mg/kg体重，肌注每天2次，连用3d；恩诺沙星，5mg/kg体重，肌注每天2次，连用3d；丁胺卡那，5mg/kg体重，肌注每天2次。

饲料中添加麻杏石甘散、板青颗粒等中药制剂，配合抗生素，治愈效果较好，同时可有效降低本病的发病死亡率。

四、波氏杆菌病

（一）简介

兔波氏杆菌病是由支气管败血波氏杆菌引起的以鼻炎和肺炎为特征的一种家兔常见传染病。仔兔、青年兔发病率较高，成年兔发病较少。

（二）病原

病原为支气管败血波氏杆菌（Bordetella bronchiseptica，Bb），属革兰氏阴性细小杆菌。

（三）流行特点

本病多发于冬、春季节。传播广泛，常呈地方性流行，为多慢性经过，急性败血性死亡病例较少。幼兔发病率高，成年兔发病较少。传播方式为空气传播，经呼吸道感染。自然条件下，多种哺乳动物上呼吸道中都有本菌寄生，常引起慢性呼吸道病的相互感染。尤其在天气突变、兔的抵抗力下降、兔舍环境卫生差、空气质量不好等情况下，均可引起本病发生。

（四）临床症状

本病可分为鼻炎型、支气管肺炎型、败血型3种类型。

1. 鼻炎型

较为常见，多与多杀性巴氏杆菌并发，病兔鼻腔流出浆液性或黏液性分泌物（图2-4-1）。诱因消除后，症状可很快消失。

图2-4-1 鼻端湿润、有脓性物

2. 支气管肺炎型

多呈散发。幼兔、青年兔多呈急性。病兔精神沉郁，食欲不振，呼吸加快，呈犬坐姿势，消瘦而死。如果鼻炎长期不愈，细菌下行引起支气管肺炎。鼻腔流出黏性或脓性分泌物，鼻炎长期不愈。

3.败血型

细菌侵入血液引起败血症，若不治疗很快死亡。多发生于仔兔和青年兔。

（五）病理变化

1.鼻炎型

鼻腔黏膜潮红，附有浆液性或黏液性分泌物。

2.支气管肺炎型

鼻腔、气管中有泡沫状黏液。肺和心包膜有大如鸽蛋、小如芝麻、数量不等凸出表面的脓肿，外有一层致密的结缔组织薄膜，内有黏稠乳白色的脓汁。有的病例在肝、肾、睾丸等器官也可出现或大或小的脓肿（图2-4-2至图2-4-4）。

 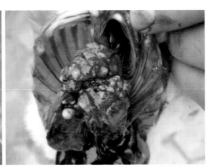

图2-4-2 气管环内有大量   图2-4-3 肺脏有凸出表面的
　　　　脓性分泌物 　　　　　　　　葡萄样脓包

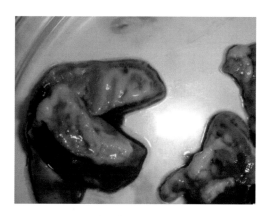

图2-4-4　肺脏脓肿切面黄白色脓汁

（六）诊断

根据流行病学、临床症状（明显的鼻炎、支气管肺炎）和病理变化（特征性的化脓性支气管肺炎和脓疱）可作出初步诊断。确诊需做病原菌分离鉴定。应与巴氏杆菌病、绿脓杆菌病进行区别。

（七）防治措施

1. 预防

加强管理，改善环境，做好防疫。兔舍要通风良好，保持适宜的温、湿度。对舍内的用具、笼具、工作服等要定期消毒。定期杀虫、灭鼠及淘汰病兔及阳性兔。坚持自繁自养，新引进的兔，必须隔离观察1个月以上，经细菌学与血清学检查为阴性者方可入群。

2. 治疗

一旦发生，先将病兔隔离或淘汰。治疗可用林可霉素，10mg/kg体重，肌注每天2次，连用3d；恩诺沙星，5mg/kg体重，肌注每天2次，连用3d；丁胺卡那，5mg/kg体重，肌注每天2次。

饲料中添加麻杏石甘散、板青颗粒等中药制剂，配合抗生素，治愈效果较好，同时可有效降低本病的发病死亡率。

本病停药后易复发，内脏脓疱治疗效果不明显，应及时淘汰。

五、葡萄球菌病

（一）简介

兔葡萄球菌病是由金黄色葡萄球菌引起的常见传染病，其特征为身体各器官形成脓肿或发生致死性脓毒败血症。经创口及天然孔或直接接触感染。由于侵入途径和感染部位不同，常以不同的发病形式出现，如乳房炎、脓毒败血症、仔兔黄尿病、脚皮炎等。

（二）病原

病原为金黄色葡萄球菌（*Staphylococcus aureus*），革兰氏染色阳性，需氧或兼性厌氧菌。

（三）流行特点

一年四季均可发病，无明显季节性。不同品种、年龄的家兔均可发病。通过飞沫传播、脐带感染、皮肤或黏膜伤口侵入等方式传播感染，发病部位不同引发的症状、病变也不同。

（四）临床症状

1. 脓肿

发生于任何部位的皮下、肌肉或内脏器官，形成一个或几个大小不一的脓肿。皮下脓肿多由外伤引起，初期较硬，红、肿、热，后期变软有波动感，成熟后自行破溃流出脓汁，伤口经久不愈。由于疼痒和爪的抓挠易扩散到其他部位，可引起全身性感染，后呈败血症死亡（图2-5-1）。

2. 仔兔脓毒败血症

多发生在长毛以前1周龄左右的仔兔，在各部位皮肤或皮下出现粟粒状大小不等的白色脓疱，脓汁呈乳白色奶油状，病兔常迅速死亡。暂时未死的兔脓疱继续扩大或自行溃破，生长缓慢，形成僵兔。仔兔通常经皮肤被粗硬的垫草扎伤或擦伤部、母兔脚爪的踩伤部和脐带部感染该病，后呈败血症死亡，少数可康复（图2-5-2至图2-5-4）。

3. 乳房炎

多由乳房皮肤破损感染，常见于母兔分娩后的头几天。由于产箱垫草不洁和笼舍缺乏消毒，使病菌通过乳头、乳房皮肤创伤而感染。急性乳房炎初期局部红肿，随后整个乳房红肿、发热、变硬、有痛感，逐渐呈紫色或蓝紫色，乳汁中含有脓液、凝乳块或血液等。慢性乳房炎乳房形成大小不一的硬块，最后变成脓肿。

4. 仔兔黄尿病

又称仔兔急性肠炎，由于仔兔吃了患乳房炎母兔的乳汁而引起的急性肠炎。多发生在第三天，常呈全窝发生，全窝死亡。病兔整日昏睡，不食，体软如绵，排出黄色尿液和黄色稀便，使仔兔浑身尽湿、腥臭难闻。多在1周内死亡（图2-5-5）。

5. 生殖器官炎症

发生于各种年龄的家兔，尤以母兔感染率最高。母兔阴户周围及阴道溃烂，形成溃疡面。部分患兔阴户周围、阴道有大小不一的脓肿，从阴道内可挤出黄白色黏稠的脓液。患病公兔的包皮有小脓肿、溃烂或呈棕色结痂。

6.脚皮炎

由于兔笼、巢箱或场地污秽潮湿，使兔脚掌下的皮肤出现红肿、脱毛，继而化脓、破溃并形成经久不愈易出血的溃疡面。由于疼痛，病兔行走困难，常出现小心换脚休息、跛行，甚至出现高跷腿、弓背等症状。食欲减退，逐渐消瘦。严重的全身感染，败血而死。

图2-5-1　颈侧有一脓肿，
脓液呈白色乳油状

图2-5-2　转移性脓毒血症
（前肢侧有一脓肿）

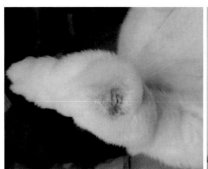

图2-5-3　转移性脓毒血症
（后肢脓肿，流出白色乳油状脓液）

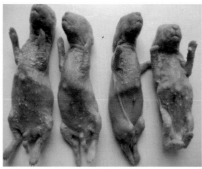

图2-5-4　仔兔脓毒败血症
（皮肤上有大小不等的小脓疱）

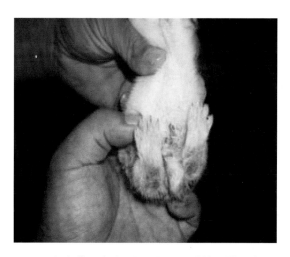

图2-5-5　仔兔黄尿病（肛门四周和后肢被毛被尿液污沾）

（五）剖检变化

皮下、肌肉、乳房、关节、心包、胸腔、腹腔、睾丸、附睾及内脏等各处可见化脓病灶。大多数化脓灶均有结缔组织包裹，脓汁黏稠、乳白色呈膏状（图2-5-6）。

图2-5-6　乳房炎

（六）诊断

根据特殊的临床症状（皮肤、乳房和内脏器官的脓肿及腹泻）和病理变化可作出初步诊断，确诊需通过病原菌分离鉴定。应与巴氏杆菌病、波氏杆菌病、绿脓杆菌病进行鉴别。

（七）防治措施

1. 预防

加强饲养管理，做好环境卫生，消除笼内的一切锋利物，产箱内垫草应清洁柔软，以防兔皮肤受伤。受外伤时及时消毒处理。可在母兔产仔后每天喂服复方新诺明，连续3d。产后最初几天可减少精料量，防止乳腺分泌过盛。预防脚皮炎应选脚毛丰厚的留种。同时笼选择无毛刺的塑料制笼底板，减少外伤出现。

2. 治疗

一旦发病应及时隔离、消毒并采取积极的治疗措施，最好根据药敏试验科学用药。

局部治疗：脓肿与溃疡按常规外科处理。脓疱形成后，待其成熟，在溃破前切开皮肤，挤出脓汁，用双氧水、高锰酸钾溶液清洗脓腔，挤清后，涂擦5%龙胆紫酒精溶液或3%~5%碘酒、青霉素软膏、红霉素软膏，也可内撒消炎粉或青霉素粉。脚皮炎还要包扎严实，3~4d换1次，治愈为止。

全身治疗：仔兔患黄尿病时，肌注青霉素，10万IU/次，每日2次。严重的乳房炎可用10ml 0.4%普鲁卡因溶液（含10万~20万IU的青霉素），做乳房皮下注射。已形成脓肿的，可切开排脓，用双氧水冲洗，最后涂一些抗菌消炎药物。并禁食患乳房炎母兔的奶，采取代养方法解决。建议对患乳房炎母兔予以淘汰。

六、沙门氏菌病

（一）简介

兔沙门氏菌又称副伤寒，是由鼠伤寒沙门杆菌和肠炎沙门菌引起的一种传染病。临床以败血症、流产、腹泻和迅速死亡为特征。

（二）病原

病原主要为鼠伤寒沙门杆菌（*Salmonella typhimurium*）或肠炎沙门杆菌（*Salmonella enteritidis*），为革兰氏阴性卵圆形小杆菌。需氧或兼性厌氧。

（三）流行特点

一年四季均可发生，一般春季多发。发病不分年龄、性别和品种，但断奶幼兔和怀孕25d后的妊娠母兔易发。病兔、带菌兔是最主要的传染源。主要经消化道感染，仔兔经子宫和脐带感染。

（四）临床症状

幼兔主要表现顽固性下痢，粪便呈糊状带泡沫，肛门周围粘有粪便。体温升高，精神不振，厌食、逐渐消瘦死亡，病程1周左右。

孕兔常发生流产，流产前往往突然发病，食欲减退或拒食，流产后由阴道流出脓性分泌物。部分母兔可于流产当日或次日死亡，流产后康复兔将不易受孕。

（五）剖检变化

急性病例常呈败血性变化，可见内脏器官充血、出血。肝脏有弥散性点状出血或针尖大小的坏死灶。胸腹腔内有大量浆液性或纤维性渗出物。肠系膜淋巴结肿大，肠壁有灰白色坏死灶。流产母兔化脓性子宫炎，子宫黏膜出血、溃疡。未流产的胎儿发育不全、木乃伊化或液化（图2-6-1）。

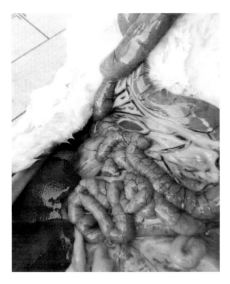

图2-6-1 肠黏膜充血，肠内充满含气泡的稀粪

（六）诊断

根据流行病学、临床症状、病理变化可作出初步诊断。确诊需进行细菌学检查或血清平板凝集试验。应与大肠杆菌病、伪结核病进行鉴别。

（七）防治措施

1. 预防

加强饲养管理，定期消毒，做好灭蝇和灭鼠工作。一旦发生本病，立即对病兔隔离治疗或淘汰，兔舍、笼具严格消毒。可通过凝集试验淘汰阳性兔。

2. 治疗

本菌耐药性不断增强，有条件的先对分离菌株进行药敏试验，再选用敏感药物进行治疗。可用氟苯尼考，20～30mg/kg体重，内服；或20mg/kg体重，肌注，2次/d，连用3～5d。庆大霉素，2万IU/kg体重，肌注，每日2次，连用5d。

对急性病兔，可用5%～10%葡萄糖盐水20ml，庆大霉素4万IU，缓慢静脉注射，1次/d，并用链霉素50万IU肌注。

七、绿脓杆菌病

（一）简介

绿脓杆菌病是由绿脓杆菌引起的以败血症、皮下与内脏脓肿及出血性肠炎为特征的疾病。

（二）病原

绿脓杆菌又称为铜绿色假单胞杆菌（*Pseudomonas aeruginosa*），为中等大小的革兰氏阴性菌。

（三）流行特点

绿脓杆菌病在自然界中分布广泛，土壤、水、肠内容物、动物体表等处都有本菌存在。患病期间动物粪便、尿液、分泌物污染饲料、饮水用具成为该病的传染源。各年龄兔均易感，机体抵抗力降低或有外伤时会引起发病。

（四）临床症状

患兔精神沉郁，食欲减退或废绝，呼吸困难，拉褐色稀便，一般出现腹泻24h后开始出现死亡。慢性病例腹泻，皮下往往形成脓肿，脓液呈黄绿色或黑褐色黏液状，有特殊气味。鼻、眼有浆液性或脓性分泌物。

（五）剖检变化

腹部皮肤呈青紫色，皮下形成脓肿，个别兔皮下水肿。胸腔、心包囊和腹腔内积有血样液体。肺深红色、有点状出血。各肠段黏膜充血、出血，肠腔内充满血样液体。肝轻微肿大，脾肿大呈桃红色（图2-7-1）。

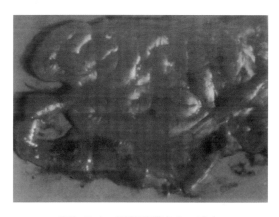

图2-7-1 肠段黏膜充血、出血

（六）诊断

根据临床症状和病理变化可作出初步诊断，确诊需进行病原分离鉴定。

（七）防治措施

1. 预防

加强饮水和饲料卫生，做好防鼠和灭鼠工作，清除兔笼、用具中的锐刺，避免拥挤，防止咬伤。发生外伤时及时处理，发现病兔应隔离治疗，对死兔进行深埋，对污染的兔舍及用具彻底消毒。

2. 治疗

本菌极易产生抗药性，最好根据药敏试验结果选择敏感药治疗。种兔可用恩诺沙星注射液，15～20mg/只，肌注，1～2次/d，连用3d；丁胺卡那霉素，20mg/只，肌注，1～2次/d。

八、克雷伯氏杆菌病

（一）简介

兔克雷伯氏杆菌病是由克雷伯氏菌引起的以幼兔腹泻、成年兔肺炎为特征的传染病。

（二）病原

病原为克雷伯氏杆菌（*K.peneumoniae*），革兰氏阴性短粗卵圆形杆菌。

（三）流行特点

不同年龄、不同品种兔均易感，长毛兔的感染率最高。主要侵害泌尿道、生殖道和呼吸道。

（四）临床症状

幼兔剧烈腹泻。青年、成年患兔病程长，但无特殊临诊症状，一般表现为精神不振，食量渐少呈渐进性消瘦，被毛粗乱，行动迟缓，呼吸急促，打喷嚏，流鼻液。部分妊娠母兔发生流产。

（五）剖检变化

主要表现为患兔肺脏和其他器官、皮下、肌肉有脓肿，脓液黏稠呈灰白色或白色。部分病例的肺脏呈大理石样实变。幼兔剧烈腹泻、脱水、衰竭，最终死亡。幼兔肠道黏膜淤血，肠腔内有大量积液和少量气体，肠壁血管淤血（图2-8-1）。

图2-8-1　肠腔内有大量积液，肠壁血管淤血

（六）诊断

根据临床症状、病理变化可作出初步诊断。确诊需进行病原分离鉴定。

（七）防治措施

1. 预防

本病没有特效的预防方法，平时应加强饲养管理和卫生消毒及灭鼠工作，妥善保管饲料。

2. 治疗

一旦发病，及时隔离、治疗，对病死兔焚烧或深埋处理。首选药物为链霉素，20万IU/kg体重，肌注，2次/d，连用3d；或卡那霉素，2万IU/kg体重，肌注，2次/d，连用3d；或庆大霉素，2万IU/kg体重，肌注，2次/d，连用3～5d；或氟苯尼考，20mg/kg体重，肌注，2次/d，连用3d。

九、泰泽氏病

（一）简介

本病是由毛样芽孢杆菌引起的以严重下痢、脱水并迅速死亡为主要特征的一种急性传染病。发病率和死亡率较高。

（二）病原

毛样芽孢杆菌（*Bacillus trichoides*）为严格的细胞内寄生菌，菌体细长，革兰氏染色阴性，能形成芽孢。

（三）流行特点

本病主要侵害6～12周龄兔，断奶前的仔兔和成年兔也可感染发病。以秋末至春初多发。各种应激因素如拥挤、过热、气候剧变、长途运输及饲养管理不当等往往是本病的诱因。病原经消化道感染。兔感染后不会立即发病，而是侵入肠道中缓慢增殖，当机体抵抗力下降时发病。

（四）临床症状

突然发病，以严重的水样腹泻、后肢沾有粪便及迅速出现脱水为特征（图2-9-1）。患兔精神沉郁，食欲废绝，于1～2d内死亡。少数耐过者，长期食欲不良，生长迟缓。

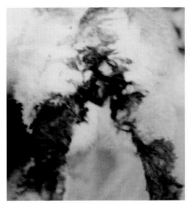

图2-9-1　肛门周围被稀粪污染

（五）剖检变化

尸体严重脱水。肝脏肿大，肝表面和切面有灰黄色、针尖大坏死点（图2-9-2）。心肌有灰白色斑点状坏死。坏死性盲肠结肠炎，回肠后段、盲肠前段的浆膜有大片明显出血。蚓突部有暗红色坏死灶。慢性病例有广泛坏死的肠段发生纤维素化狭窄。

图2-9-2　肝脏表面和切面大量坏死点

（六）诊断

根据流行病学、临床症状、病理变化可作出初步诊断。确诊需在感染组织的细胞浆中检出毛发样芽孢杆菌。应与魏氏梭菌病、大肠杆菌病、绿脓杆菌病、副伤寒病、轮状病毒病等疾病相区别。

（七）防治措施

1. 预防

加强饲养管理，减少应激因素，严格兽医卫生制度。一旦发病应及时隔离治疗，全面消毒，烧毁排泄物，并在未发病兔的饮水或饲料中加入土霉素进行预防。

2. 治疗

病初用0.006%～0.01%土霉素溶液饮水，疗效良好。或青霉素20万～40万IU与硫酸链霉素30万～50万IU，肌注，1次/d，连用3d。

十、野兔热（土拉伦斯病）

（一）简介

本病又称兔热病、土拉热、土拉菌病，是由土拉热弗朗西氏菌引起的一种急性、热性、败血性人畜共患传染病。以体温升高，肝、脾、淋巴结肿大、坏死为特征。

（二）病原

土拉热弗朗西氏菌（*Francisella tularensis*）是一种革兰氏阴性多形态细菌。

（三）流行特点

一年四季均可发生，大流行见于洪水或其他自然灾害。野生啮齿动物为本菌的主要携带者，通过其污染的水源、饲料及用具，经消化道、呼吸道、伤口等感染。

（四）临床症状

急性病兔不表现明显症状，仅于临死前精神不振、食欲减退、运动失调，2~3d内败血死亡。多数病例为慢性，体温升高，鼻腔发炎，流出黏液性或脓性分泌物，体表淋巴结（颌下、颈下、腋下、腹股沟）肿大发硬，高度消瘦，最后多衰竭而死。

（五）剖检变化

急性病例：迅速发生败血而死亡，剖检无明显病变。

慢性病例：尸体极度消瘦，皮下少量脂肪呈污黄色。肌肉呈煮熟状，淋巴结显著肿大，呈深红色并有灰白色针头大小的坏死结节。肝、脾、肾肿大，表面有大小不一的灰白色坏死灶（图2-10-1、图2-10-2）。

图2-10-1 肝脏表面有颗粒状坏死   图2-10-2 肾表面有散在灰白色坏死点

（六）诊断

根据流行病学、临床症状（体温升高、有鼻炎、消瘦、衰竭）、病理变化（淋巴结、肝、脾、肾显著肿大、坏死）可以作出初步诊断。确诊需病原菌检查。应与伪结核病、李斯特氏杆菌病进行鉴别。

（七）防治措施

1. 预防

注意灭鼠、杀虫和驱除体外寄生虫，防止野兔进入兔场。做好卫生防疫工作，经常进行兔舍和笼位清洁卫生和消毒。发病兔及时隔离，扑杀治疗效果不好的病兔，焚烧尸体及分泌物。

2. 治疗

初期抗生素治疗有效，后期治疗效果不好。

可用链霉素，0.5万～1万IU/kg体重，肌注，2次/d，连用4d；或卡那霉素，1万IU/kg体重，肌注，2次/d，连用3d。

十一、坏死杆菌病

（一）简介

兔坏死杆菌病是由坏死杆菌引起的以皮肤和口腔黏膜坏死为特征的散发性慢性传染病。

（二）病原

病原为坏死杆菌（Necrobacillosis），革兰氏阴性多形性菌，严格厌氧。

（三）流行特点

本病常为散发，偶呈地方性流行或群发。一年四季均可发病，以多雨、潮湿、炎热季节多发。各年龄均可发病，幼兔比成年兔易发，长毛兔较短毛兔易发。病兔的分泌物、排泄物所污染的外界环境是主要的传染源。主要经过损伤的皮肤、口腔和消化道黏膜而感染。

（四）临床症状

病兔厌食、流涎、高热、消瘦。唇和皮下部、口腔黏膜和齿龈、颌下面部、颈部、胸部、脚部及四肢关节等处的皮肤和皮下组织发生坏死性炎症（图2-11-1），形成脓肿、溃疡，并散发出恶臭气味。病程一般数周或数月，患兔多数死亡。

图2-11-1　下颌颈部皮肤坏死

（五）剖检变化

感染部位黏膜、皮肤、肌肉坏死，淋巴结尤其是颌下淋巴结肿大，并有干酪样坏死病灶。肝、脾多有坏死或化脓灶。有时见肺坏死灶、胸膜炎、腹膜炎、心包炎甚至乳房炎。坏死组织有特殊臭味。

（六）诊断

根据临床症状和坏死组织特殊臭味可作出初步诊断，确诊需采集感染部位组织进行细菌学检查。应与绿脓杆菌病、传染性口腔炎进行鉴别。

（七）防治措施

1. 预防

注意灭鼠、杀虫和驱除体外寄生虫，防止野兔进入兔场。做好卫生防疫工作，经常进行兔舍和笼位清洁卫生和消毒。发病兔及时隔离，扑杀治疗效果不好的病兔，焚烧尸体及分泌物。

2. 治疗

初期抗生素治疗有效，后期治疗效果不好。可用链霉素，0.5万～1万IU/kg体重，肌注，2次/d，连用4d；或卡那霉素，1万IU/kg体重，肌注，2次/d，连用3d。

十二、李斯特氏杆菌病

（一）简介

李斯特氏杆菌病又称为单核细胞增多病，是由单核细胞增多性李斯特氏杆菌引起的一种人畜共患的散发性传染病。以急性败血症、慢性脑膜炎为主要特征。

（二）病原

病原为单核细胞增多性李斯特氏杆菌（*Listeria monocytogenes*），

革兰氏阳性菌。

（三）流行特点

一年四季都可发生，以冬、春季节多见。幼兔与孕兔较多发。多为散发，有时呈地方流行。虽然发病率低，但死亡率很高。鼠类是自然界的储藏库。

（四）临床症状

根据症状分为急性、亚急性和慢性型。

1. 急性型

常见于幼兔。一般表现为突然发病，体温可达40℃以上，精神沉郁，食欲废绝。部分可见鼻炎、结膜炎。鼻腔流出浆液性、黏液性或脓性分泌物。口吐白沫，背颈、四肢抽搐，低声嘶叫，几个小时或1~2d内死亡。

2. 亚急性型

主要表现间歇性神经症状，如嚼肌痉挛，全身震颤，眼球凸出，头颈偏向一侧，做转圈运动（图2-12-1）。孕兔流产或胎儿干化。一般经4~7d死亡。

3. 慢性型

主要表现为子宫炎，分娩前2~3d发病，流产并从阴道内流出暗紫色的污秽分

图2-12-1 头颈歪向一侧，常做转圈运动

泌物。部分病兔还出现头颈歪斜、运动失调等神经症状。流产康复后的母兔长期不孕。

（五）剖检变化

全身淤血，皮下胶冻样水肿，淋巴结肿大，腹水增多。有时心、肝、脾和肾见有白色坏死灶。鼻炎、化脓性子宫内膜炎。有时发现一至数只木乃伊胎（图2-12-2）。

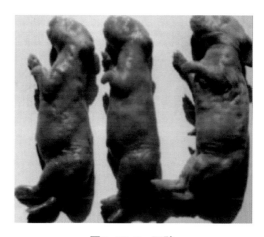

图2-12-2　死胎

（六）诊断

根据流行病学、临床症状及病理解剖变化作出初步诊断，确诊需进行病原分离鉴定。应与沙门氏菌病相鉴别诊断。

（七）防治措施

1. 预防

注意隔离、消毒。加强灭鼠灭蚊工作。兔舍内及时清理毛屑，定期使用聚维酮碘、戊二醛、过硫酸氢钾等消毒液轮换喷雾消毒。

2.治疗

可用庆大霉素，1~2mg/kg体重，肌注，2次/d，连用3d；或卡那霉素注射液，0.2ml/kg体重，肌注，2次/d，连用3d；或磺胺嘧啶钠，0.1~0.3mg/kg体重，肌注，首次加倍，早、晚各1次，连用3~5d。

第三章

寄生虫病

一、球虫病

（一）简介

兔球虫病是由寄生于兔的小肠或肝胆管上皮细胞内的艾美耳属的多种球虫所引起的一种对幼兔危害极其严重的寄生原虫病。

（二）病原

病原是兔艾美尔球虫，主要有斯氏艾美尔球虫、穿孔艾美尔球虫、大型艾美尔球虫、中型艾美尔球虫、盲肠艾美尔球虫等。球虫属于单细胞原虫。

（三）流行特点

本病全年发生，但在温暖、潮湿、多雨的季节多发。各品种的家兔都易感，尤以40d龄至3月龄的仔兔最易感。幼兔感染率可达100%，死亡率可达80%左右，耐过的兔生长发育迟滞。

（四）临床症状

根据球虫的寄生部位可分为肠型、肝型和混合型3种。

1.肠型球虫病

多呈急性经过。患兔肚皮膨胀发黑，肚有痛感，不愿活动，最后因急性拉稀而死亡。临死时突然倒下，头向后仰，两后肢伸直划动，发出惨叫。或可暂时恢复，间隔一段时间，重复以上症状，最终死亡。慢性肠球虫病表现为体质下降，食欲不振，腹胀，下痢，排尿异常，尾根部附近被毛潮湿、发黄。

2. 肝型球虫病

口腔、眼结膜轻度黄染，腹泻或便秘，腹围增大下垂，肝区触诊有痛感。肠型死亡快，肝型较慢。

3. 混合型球虫病

眼鼻分泌物增多，唾液分泌物增多。结膜苍白，有时黄染。腹泻与便秘交替出现，尿频或常呈排尿姿势，腹围肿大，肝区触诊疼痛。有时病兔尤其是幼兔有神经症状，痉挛或麻痹。

（五）剖检变化

1. 肠球虫型

病变主要在肠道。肠壁增厚，内腔扩张，肠黏膜有出血小点，小肠内充满气体和大量微红色黏液，肠黏膜充血并有出血点。慢性时，肠黏膜上有明显的出血斑点或许多小而硬的灰白色小结节，结节内含有卵囊（图3-1-1、图3-1-2）。肠系膜淋巴结肿大。膀胱积尿，尿色黄而浑浊。

2. 肝球虫型

肝脏明显肿大，表面及实质内有大小不等的黄白色结节，呈圆形，如粟粒，大至豌豆，沿小胆管分布。

混合型感染则兼具上述两种特征。

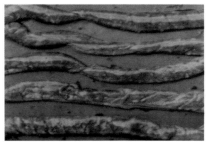 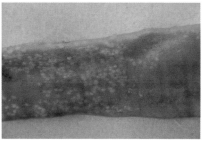

图3-1-1 小肠壁散在大量   图3-1-2 盲肠壁有白色结节
灰白色球虫结节

（六）诊断

根据流行病学、临床症状（腹泻、消瘦、贫血）、病理变化（肝、肠特征的结节状病变）可作出初步诊断。确诊需进行实验室检查（直接涂片法、饱和盐水漂浮法）。

（七）防治措施

1. 预防

实行大小兔分笼饲养，及时清理粪便，定期消毒，保持兔舍通风干燥。兔粪尿堆积发酵，以杀灭球虫卵囊。定期药物预防，可用0.1%地克珠利预混剂，100g拌料100kg；或莫能菌素，0.003%混饲。

2. 治疗

如果发生兔球虫病，需及时用抗球虫药进行治疗。可用磺胺间甲氧嘧啶（每吨饲料添加200g）、氯苯胍（每吨饲料添加300g）等拌料，连用3～5d；配合青蒿粉效果更佳。

应注意大部分抗球虫药物都有休药期。因此肉兔养殖需参考所选药物的休药期进行合理用药。

二、螨病

（一）简介

螨病是兔常见的一种体外寄生虫病，具有高度的传染性，如不及时有效治疗，很快传染全群。

（二）病原

病原为螨虫，寄生于兔的主要是痒螨和疥螨。痒螨寄生于皮肤表面，咬破皮肤后吞食淋巴液和细胞液。疥螨侵入表皮挖掘隧道，以表皮深层的淋巴液和上皮细胞液为食。

（三）流行特点

本病无明显季节性，冬、春季节多发。不同年龄的家兔都可感染，幼兔更易感染，且发病严重。本病主要通过健康兔和病兔直接接触感染，也可通过污染的笼具等间接感染。

（四）临床症状

依寄生部位分为耳螨和体螨。

1.耳螨病

主要由痒螨引起，寄生于耳廓及耳道内。始发于耳道内耳根处，先红肿，继而流渗出液，患部结成一层粗糙、增厚、麸样的黄色痂皮，进而引起耳廓肿胀、流液，痂皮越积越多，以致呈纸卷状塞满整个外耳道，使病兔耳朵下垂、发痒，表现烦躁不安，不断摇头或用脚爪抓搔耳朵和头部，又可造成自伤，继发细菌感染。有时病变蔓延到中耳和内耳，甚至达到脑部。

2.体螨病

主要由疥螨和背肛螨引起，多寄生于脚趾面、鼻、唇周围、眼圈等少毛部位的真皮层。最初一般在嘴、鼻、眼和脚趾部发生，然后向四肢、头部、腹部及其他部位扩展。感染部位的皮肤起初红肿、脱毛，渐变肥厚，多褶，继而龟裂，逐渐形成灰白色痂皮。患部奇痒，患兔常用嘴咬、趾抓或在兔笼锐边磨蹭止痒，以致咬破、抓伤、擦伤皮肤并引发炎症，病情加重。病兔因剧痒影响采

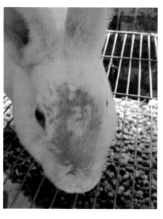

图3-2-1 头面部脱毛

食及休息，最终极度瘦弱而死亡（图3-2-1至图3-2-3）。

图3-2-2 脚趾部灰白色痂皮

图3-2-3 耳部黄色痂皮

（五）诊断

根据流行病学、临床症状和病理变化可初步作出诊断，确诊尚需实验室检查。

怀疑为痒螨病时，用刀片轻轻刮取兔外耳道患部表皮的湿性或

干性分泌物；而疥螨病则在皮肤患部与健康部交界处用刀片刮取痂皮，以微见出血为止。可用以下方法检出螨虫：将病料放在一张黑纸上，置于阳光下或稍加热，用放大镜可看到螨虫在黑纸上爬动。

（六）防治措施

1. 预防

严禁从发病的兔场引种，引种时必须检查并隔离观察1个月，经检查确认无螨虫后，方可进入兔舍，建立无螨兔群。加强饲养管理，勤清粪便，勤换垫草，保持笼舍清洁、干燥、通风。夏季注意防潮。定期替换笼底板，用2%敌百虫溶液浸泡、晾干或洗净后用火焰喷灯消毒。定期用杀螨类药液消毒兔舍、场地和用具。消毒药可用10%~20%生石灰水、三氯杀螨醇、0.05%敌百虫等杀螨剂交替使用。由于治疗螨虫的药物多数对螨虫卵无作用或作用弱，故需重复用药2~3次，每次间隔7~10d，以杀死新孵出的幼虫。定期检查兔群，发现病兔立即隔离、消毒、治疗。

2. 治疗

一旦发生，防治极为困难，故优先选择是直接淘汰病兔，对剩余兔严密监测，必要时全群注射（或内服）伊维菌素。对于价值较高的种兔或者宠物兔，可以考虑药物治疗。每次治疗结合全场大消毒，特别要对兔笼周围及笼底板进行严格细致消毒，以减少重复感染。

个体：先剪去患部周围被毛，刮除痂皮，用0.1%伊维菌素注射液涂擦患部，1周2~3次，并用2%的洗必泰软膏涂患部，每日1次。

全群：目前治疗兔螨病最有效的药物有两种，一种是伊维菌素，200~400μg/kg体重，内服或皮下注射，连用3次，每次间隔7d。另一种是多拉菌素，0.2~0.3mg/kg体重，连用3次，每次间隔7d。

三、豆状囊尾蚴

（一）简介

豆状囊尾蚴病是豆状带绦虫的中绦期幼虫豆状囊尾蚴寄生于兔的肝脏、肠系膜和大网膜等引起肝脏损害，消化紊乱，甚至死亡的一种绦虫蚴病。

（二）病原

豆状带绦虫的中绦期幼虫豆状囊尾蚴。

（三）流行病学

豆状带绦虫成虫寄生于犬、猫、狼、狐狸等肉食兽的小肠内。绦虫的孕卵节片成熟后随粪便排出，节片破裂而散出的虫卵污染兔的食物、饮水及环境。当兔采食或饮水时，吞食虫卵，卵内六钩蚴孵出后钻入肠壁血管，随血液循环到达肝实质，然后逐渐移行至肝表面，进入腹腔，最后到达大网膜、肠系膜及其他部位的浆膜发育为豆状囊尾蚴。豆状囊尾蚴虫体呈囊泡状，大小如豌豆，囊内含有透明液和一个头节。犬吃了含豆状囊尾蚴的兔内脏后，即在肠道内发育为豆状带绦虫。随养兔业的发展和猫、狗等宠物的增多，形成了家养宠物和兔之间的循环流行。

（四）临床症状

少量感染时一般无明显症状，表现为生长发育缓慢。大量感染时精神萎靡、食欲减退、嗜睡少动、消瘦、腹胀、可视黏膜苍白、贫血、消化不良或紊乱、粪球小而硬。有的出现黄疸，急性发作可突然死亡。慢性病例表现为消化紊乱，食欲不良，逐渐消瘦，最终死亡。

（五）剖检变化

豆状囊尾蚴一般寄生在病兔肝包膜、胃浆膜、肠系膜、大网膜及直肠浆膜上，数量不等，状似豌豆大、黄豆大甚至花生米大的小水泡或石榴籽，大部分囊壁很薄并透明，少部分囊壁被结缔组织包围变厚，囊内充盈半透明液体，囊壁上有一小米粒大的乳白色结节，造成肝脏肿大，腹腔积液。肝表面和切面有六钩蚴在肝脏中移行所致的黑红、灰白色弯曲条纹状病灶，病程较长者转化为肝硬化（图3-3-1）。

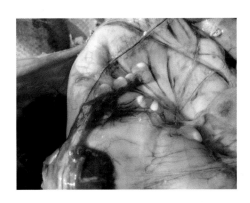

图3-3-1　肠系膜上乳白色结节

（六）诊断

根据临床症状、病理变化（肝包膜、胃浆膜、肠系膜、大网膜及直肠浆膜上数量不等、状似小水泡或石榴籽）可作出初步诊断，确诊尚需实验室检查。

（七）防治措施

1. 预防

加强管理，防止饲用牧草等兔饲料、饮水被犬粪便污染。兔场

禁止饲养犬、猫，或用吡喹酮对犬猫定期驱虫。

2.治疗

一旦发病，需将死亡兔含有豆状囊尾蚴的内脏焚烧或深埋处理，以免被犬吞食，从而阻断该虫的生活史环节。可用药物治疗，吡喹酮，30～35mg/kg体重，口服，1次/d，连用5d；或丙硫咪唑，50mg/kg体重，口服，1次/d，连用3d为1个疗程，间隔7d再次用药，共3个疗程。

四、栓尾线虫病

（一）简介

兔栓尾线虫病又称兔蛲虫病，是由兔栓尾线虫寄生于兔的盲肠和结肠而引起的一种消化道线虫病。

（二）病原

兔栓尾线虫，白线头样，成虫寄生于盲肠和结肠。

（三）流行特点

栓尾线虫不需中间宿主，成虫产的卵在兔直肠内发育成感染性幼虫后排出体外，当兔吞食了含有感染性幼虫的卵后被感染，幼虫在兔胃内孵出，进入盲肠或结肠发育为成虫。

（四）临床症状

少量感染，一般不表现症状。严重感染时，患兔精神不振，食欲减退，甚至废绝，全身消瘦，轻微腹泻，偶有便秘。当肛门有蛲虫活动或雌虫在肛门产卵时，患兔肛门疼痒，常将头弯至肛门部，似啃咬肛门解痒。大量感染后可在患兔的肛门外看到爬出的成虫，也可在粪便中发现乳白色似线头样的栓尾线虫。

（五）剖检变化

通常情况下，即使大量的虫体寄生也不会产生明显的临床症状，病理变化较为轻微，仅见大肠内有栓尾线虫，肝、肾色淡。

（六）诊断

根据患兔常用嘴、舌啃舔肛门的症状可怀疑本病，在肛门、粪便或大肠中发现虫体即可确诊。

（七）防治措施

1. 预防

由于兔栓尾线虫发育史为直接型，无需中间宿主参与，故本病很难根除，往往出现重复感染。加强饲养管理，定期消毒，粪便堆积发酵。每年2次定期驱虫。坚持自繁自养的原则，如引进种兔，需隔离观察1个月以上，确认无病方可入群。

2. 治疗

可用丙硫咪唑，按20mg／kg体重，口服，1次/d，1周后重复用药1次；或左旋咪唑，5～6mg/kg体重，口服，1次/d，连用2d。

第四章

其他

一、真菌病

（一）简介

兔真菌病又称皮肤真菌病、脱毛癣，是由丝状真菌侵入皮肤角质层及其附属物所引起的一类常见的、传染性极强的人畜共患接触性皮肤病。

（二）病原

病原体主要有须毛癣菌、小孢子菌等。该类菌多数为需氧或兼性厌氧。对外界环境因素抵抗力强，可存活2年以上，对一般抗生素和磺胺类药物不敏感。但对10%福尔马林敏感，水温60℃ 10min可被杀灭。

（三）流行病学

本病一年四季均可发生，春季和秋季换毛季节易发。各年龄、品种的兔均可感染，无性别差异。多发于20d龄左右的仔兔和断奶幼兔。成年兔常呈隐性感染，不表现症状。传播途径主要为直接接触，也可通过人及被污染的用具间接接触传播。通风不良、阴暗潮湿的饲养环境往往容易发生本病。

（四）临床症状

发生部位多在头部，如幼兔口、耳朵、鼻部、眼周、面部、嘴以及颈部等，种兔多发在大腿内侧和乳房周围。患处被毛脱落形成环形或不规则的脱毛区，表面覆盖像头皮屑一样的鳞片。发病严重的兔场粪板上每天都有一层脱落的鳞片（图4-1-1至图4-1-3）。

图4-1-1　耳、面部不规则脱毛

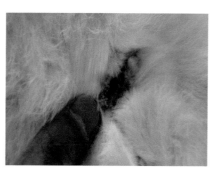

图4-1-2　乳房周围脱毛

图4-1-3　眼部周围脱毛

（五）剖检变化

兔体表真菌主要生存于皮肤角质层，一般不侵入真皮层。病变部位发炎，有痂皮，形成皮屑，脱毛。病变周围有粟粒状凸起，当刮掉硬痂时，露出红色肉芽或出血。

（六）诊断

根据流行病学和临床症状等可对兔皮肤真菌病作出初步诊断。确诊则须真菌的培养、分离和鉴定，或采用免疫学技术检测抗原或

抗体。应与疥螨病、营养性脱毛相区别。

（七）防治措施

1. 预防

禁止从有疫情的兔场引进兔子。严禁小商小贩随意进入兔场收购商品兔。加强饲管，做好卫生，保证通风良好、密度适宜。发现病兔及时扑杀或隔离治疗。兔舍、兔笼消毒是消灭本病的关键，用火焰对笼子内外的绒毛进行喷烧，然后清扫干净。能密闭的空兔舍，可用福尔马林熏蒸。也可用聚维酮碘进行带兔消毒。发生过本病的兔场，在仔兔分窝前，窝内撒灰黄霉素+滑石粉+硫黄粉（1：3：1），能有效抑制本病发生。

2. 治疗

剪去患部的毛，等量混合3%来苏儿与碘酊，每天于患处涂擦2次，连用3～4d。或将患部被毛剪掉，将痂皮刮下，用克霉唑溶液或软膏对患部进行涂擦，每天1次，连用5～7d。或用10%水杨酸钠或5%～10%硫酸铜溶液涂擦患部，直至痊愈。

二、密螺旋体病

（一）简介

兔密螺旋体病，又称兔梅毒病，也称性螺旋病、螺旋体病，是由兔密螺旋体引起的一种慢性传染病。以外生殖器、颜面、肛门等皮肤及黏膜发生炎症、结节和溃疡，患部淋巴结发炎为特征。

（二）病原

病原为兔密螺旋体，呈纤细的螺旋状构造。

（三）流行特点

易感动物是家兔和野兔，其他动物和人不感染。传染源主要是病兔，其次是淋巴结感染的带菌兔。主要通过交配经生殖道传染，也可通过病兔用过的笼舍、垫草、饲料、用具等经损伤的皮肤传染。本病在兔群中一旦发生，发病率很高，绝大多数发生于成年兔，8月龄以下未交配的幼兔极少发病。育龄母兔的发病率比公兔高。一般呈良性经过，几乎不会出现死亡。

（四）症状及病变

该病是一种慢性生殖器官传染病，潜伏期2～10周不等。病初可见外生殖器和肛门四周红肿，阴茎水肿，龟头肿大，阴门水肿，肿胀部位流出黏液性或脓性分泌物，常伴有粟子大小的结节形成，结节破溃后有微细的小水泡和浆液性渗出，渗出物逐渐干涸，形成棕红色痂皮。剥去痂皮，露出边缘不整、稍凹陷、易于出血的溃疡面。因局部疼痒，故患兔多以爪擦搔或舔咬患部，使感染扩散到颜面、下颌、鼻部等处。患兔失去交配欲，受胎率低，发生流产、死胎。病程长达数月，多可自愈，康复兔无免疫力，可复发或再度感染（图4-2-1）。

图4-2-1　鼻部溃疡、结痂

（五）诊断

根据流行病学和临诊症状特点可以作出初步诊断。确诊则应采取病变部的汁液或溃疡面的渗出液用暗视野显微镜检查，或做涂片用姬姆萨染色镜检密螺旋体。

（六）防治措施

1. 预防

兔场引兔时应做好生殖器官检查，新引进的兔必须隔离观察1个月，确定无病时方可入群。种兔交配前也要认真进行健康检查，健康者方可配种。对病兔应立即进行隔离治疗，病重者淘汰。彻底清除污物，用1%~2%火碱或2%~3%的来苏儿消毒兔笼和用具。

2. 治疗

可用青霉素，20万IU/kg体重，肌注，2次/d，连用5d。或患部用2%硼酸水或0.1%高锰酸钾液冲洗之后，再涂上青霉素药膏或3%碘甘油，每天1次，20d可痊愈。

三、附红细胞体病

（一）简介

兔附红细胞体病是由附红细胞体寄生于兔红细胞表面而引起的一种传染病，以发热、贫血、黄疸、消瘦和脾脏、胆囊肿大为主要特征。

（二）病原

病原为兔附红细胞体。

（三）流行特点

本病一年四季均可发生，但以夏、秋季节多见。主要通过吸血昆虫如扁虱、刺蝇、蚊、蜱等以及小型啮齿动物传播。也可经直接接触传播，或经子宫感染垂直传播。

（四）症状与病变

病兔精神不振，食欲减退，体温升高，贫血，消瘦，全身无力，不愿行走。呼吸加快，结膜淡黄，心力衰弱，尿黄，粪便时干时稀。个别病兔出现神经症状。

病死兔可视黏膜苍白，血液稀薄，呈暗红色。腹腔积液，脾脏肿大，胸膜、脂肪和肝脏黄染（图4-3-1）。

图4-3-1　小肠脑回状水肿

（五）诊断

根据临床症状（高热、贫血、黄疸）、病理变化可作出初步诊断，确诊需进行实验室诊断，显微镜下检查附红细胞体存在与否。

（六）防治措施

1. 预防

加强饲养管理，做好环境卫生，定期消毒，夏、秋季必须做好

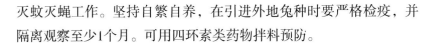

灭蚊灭蝇工作。坚持自繁自养，在引进外地兔种时要严格检疫，并隔离观察至少1个月。可用四环素类药物拌料预防。

2. 治疗

一旦发生立即隔离，用0.2%的过氧乙酸或0.1%的高锰酸钾彻底消毒。四环素，400mg/kg体重，肌注，2次/d，连用7d；或土霉素，40mg/kg体重，肌注，2次/d，连用7d。同时饮水中添加电解多维。

四、兔便秘

（一）简介

便秘是指家兔排粪次数和排粪量减少，排出的粪便干、硬、小，严重时可造成肠阻塞，是家兔常见的消化系统疾病之一。

（二）病因

除热性病、胃肠迟缓等全身性疾病因素外，饲养管理不当是引起家兔便秘的主要原因。如精、粗饲料搭配不当，精料过多、粗纤维含量过低；青饲料过少或长期饲喂干饲料，加之饮水不足又不及时；饲料中混有泥沙、被毛等异物致使粪块变大；环境突然改变，运动不足，打乱正常排便习惯等因素造成。胃肠运动迟缓，粪便在大肠内停留时间过长，水分被吸收，粪便干硬阻塞肠道而发病。

（三）症状与病变

病兔初期精神沉郁，食欲减退，排出少量细小而坚硬的小粪球，有的呈两头尖形状，之后停止排便。腹痛腹胀，患兔起卧不安，常回顾腹部和肛门，频频弯腰、努责做排便姿势，但无粪排出。触诊腹部感到肠管粗硬，结肠与直肠可摸到坚硬的串珠状粪粒。粪便长期滞留可导致自体中毒。

剖检发现结肠和直肠内充满干硬成球的粪便，前部肠管积气（图4-4-1）。

图4-4-1　盲肠干硬粪球

（四）诊断

根据粪便少、小、硬等可作出诊断。

（五）防治措施

1. 预防

加强饲养管理，合理搭配青、粗饲料和精饲料，饲喂定时定量，供给充足清洁饮水，保证充足运动。

2. 治疗

对病兔及时去除病因，立即停喂饲料，供给清洁饮水，适当增加运动，用手按摩兔的腹部，同时用药促进胃肠蠕动，增加肠腺分

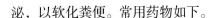

泌，以软化粪便。常用药物如下。

人工盐：成年兔5～6g，加20ml温水1次灌服，幼兔减半。

植物油：成年兔15～20ml，加等量温水灌服，幼兔减半。

石蜡油：成年兔15ml，加等量温水灌服，幼兔减半。

温肥皂水水灌肠：用粗细适中的橡皮管或软塑料管，事先涂上石蜡油或植物油，缓慢插入肛门内5～8cm，灌入40～45℃的温肥皂水30～40ml，以软化粪球，促进排出。

五、结膜炎

（一）简介

兔结膜炎是指眼睑结膜、眼球结膜的炎症，是眼病中最多发的疾病。规模兔场较为多见。

（二）病因

1.机械性因素

如沙尘、谷皮、草屑、草籽、被毛等异物进入眼内，眼睑外伤，寄生虫感染等。

2.理化因素

如兔舍内空气污浊、氨气、硫化氢等有害气体的刺激，化学消毒剂及分解产物的刺激，强光直射，紫外线的刺激以及高温的刺激等。

3.细菌感染、维生素缺乏

如巴氏杆菌感染或日粮中维生素A缺乏等。

（三）症状及病变

1.黏液性结膜炎

病初结膜轻度潮红、眼睑肿胀，分泌物为浆液性且量少，随着病情的发展，流出大量黏液性分泌物，眼睑闭合，下眼睑及两颊皮肤由于泪水及分泌物的长期刺激而发炎，被毛脱落，眼多有痒感。如不及时治疗，常发展为化脓性结膜炎。

2.化脓性结膜炎

一般为细菌感染所致。眼睑结膜严重充血和肿胀，疼痛剧烈，从眼内流出或在结膜囊内蓄积多量黄白色脓性分泌物，上下眼睑充血肿胀，常粘在一起无法睁开。如炎症侵害角膜，则引起角膜浑浊、溃疡，甚至穿孔，使家兔失明（图4-5-1）。

图4-5-1　眼结膜充血肿胀，炎性分泌物污染眼周被毛

（四）诊断

根据眼的症状和病变可作出诊断。

（五）防治措施

1. 预防

保持兔舍兔笼清洁卫生，防止沙尘、污物、异物等落入眼内或眼部外伤，及时清除粪尿，保持空气良好，防止有害气体刺激兔眼。避免强光直射，供给富含维生素A的饲料，使用巴氏杆菌疫苗免疫。

2. 治疗

首先消除病因，用2%～3%硼酸液、生理盐水等清洗患眼，用棉球蘸药轻轻涂擦。清洗后使用红霉素、氯霉素眼药水滴眼或涂敷。对角膜浑浊的病兔，可涂敷1%黄氧化汞软膏。重症者同时选用抗菌药全身治疗。

注意传染性结膜炎和非传染性结膜炎的鉴别。传染性结膜炎应同时对原发病进行治疗。

六、食毛癖

（一）简介

患兔因营养紊乱而发生的大量吞食自身或其他兔被毛为特征的营养缺乏症称为食毛癖又称为食毛症。1～3月龄的幼兔多发。

（二）病因

兔饲料营养不均衡，如粗纤维含量不足、缺少某些体内不能合成的含硫氨基酸（蛋氨酸、胱氨酸、半胱氨酸等）以及钙、磷、微量元素和维生素时易发生食毛癖；管理不当，如饲养密度大、兔群拥挤而吞食其他兔的被毛，未能及时清除水盆、料盆、垫草中的兔毛，被家兔误食；忽冷忽热的环境气候条件也是本病的诱因，秋末冬初及早春季节多发。

（三）症状及病变

一般除头部、颈部等难以吃到的部位外其他部位均可被吃光。患兔消瘦、精神沉郁、好饮水、便秘、粪球中含较多兔毛，甚至兔毛将粪球连成串状。腹部触诊，在胃或肠道中摸到毛球，大小不等，较硬，可轻轻捏扁。随着病程发展，患兔常因消化阻塞而死亡（图4-6-1、图4-6-2）。

剖检可见胃内容物混有毛或形成毛球，有时因毛球阻塞胃导致肠道空虚，或毛球阻塞肠道使阻塞部前段鼓气。可根据剖检特征进行诊断，本病多发于长毛兔。

图4-6-1　身体被啃咬后形成的秃斑　　图4-6-2　全身被毛稀少

（四）诊断

有明显的食毛症状，皮肤有少毛或无毛现象，有腹痛、臌气症状。

（五）防治措施

1. 预防

加强饲养管理，适当调整兔群密度。及时清理掉料盆、水盆、

并带有酮味（即烂苹果味）。全身肌肉间歇性震颤，前后肢向两侧伸展，有时呈强直性痉挛，重者运动失调，出现惊厥，昏迷最后死亡。有的患兔临产前2~3d流产，出现惊厥和昏迷。

剖检可发现乳腺分泌机能旺盛，卵巢黄体增大，肠系膜脂肪有坏死区，肝脏表面常出现黄色和红色区。心、肾颜色苍白（图4-7-1至图4-7-3）。

图4-7-1　乳腺充血、淤血　　　　图4-7-2　肝脏淤血，呈现暗红色

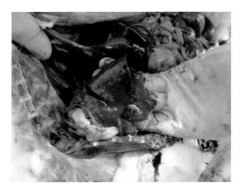

图4-7-3　肺脏充血、肉变

（四）诊断

根据流行病学（只发生于孕兔和泌乳母兔）、临床症状和病理

变化可作出初步诊断。确诊需实验室检查血液中非蛋白氮升高，血钙减少，磷酸增多，血糖降低和蛋白尿。

（五）防治措施

1.预防

本病以预防为主。加强饲养管理，保持良好通风，定期对兔舍、兔笼彻底消毒。合理搭配饲料，妊娠初期适当控制营养，防止过肥。妊娠末期饲喂富含维生素、碳水化合物的全价饲料，切忌喂给霉变饲料，避免突然改变饲料。在缺乏青绿饲料的季节，注意添加维生素E、维生素C、复合维生素B和葡萄糖，可防酮血症的发生和发展。

2.治疗

一旦发病，早发现、早治疗。治疗原则是保肝解毒，维护心、肾功能，升糖降脂。可用15%或25%葡萄糖溶液，15～20ml/次，加维生素C注射液1～2ml，静脉注射，1次/d，连注3d；或丙二醇，4.0ml/次，2次/d，连用3～5d；或维生素C片和复合维生素B片，各2片/次，加25%葡萄糖溶液10ml，口服，每日2次，连服3d；或肌注复合维生素B 1～2ml，每日1次，有辅助治疗作用。

附录1 兔场免疫程序

兔场免疫程序

日龄	免疫疫苗	免疫途径	剂量（ml）
35	兔病毒性出血症—多杀性巴氏杆菌病二联灭活疫苗	皮下	1.0
60	兔病毒性出血症—多杀性巴氏杆菌病二联灭活疫苗	皮下	1.0
>60（每隔半年）	兔病毒性出血症疫苗	皮下	1.0

附录2　兔场防疫技术

一、消毒

为预防控制兔场各类传染病，对兔场内的兔群、环境、用具、器械、车辆及废弃物等采用物理、化学和生物学方法，杀灭或清除病原微生物和其他有害微生物，以切断疫病传播途径的防疫措施。

（一）消毒方式

喷雾消毒：采用规定浓度的化学消毒剂用喷雾装置进行消毒，适用于舍内和舍外环境消毒、带兔消毒、运输工具消毒。

喷洒消毒：通过喷洒的方式杀灭病原微生物，适用于兔舍周围环境、门口、地面的消毒。

浸液消毒：用有效浓度的消毒剂浸泡消毒，适用于器具消毒、洗手、浸泡工作服和胶靴等。

煮沸消毒：用容器煮沸消毒，适用于金属器械、玻璃用具、工作服等煮沸灭菌。

熏蒸消毒：按比例加入福尔马林、高锰酸钾或乳酸等，加热蒸发以产生气体杀死病原微生物，适用于兔舍的消毒。

紫外线消毒：用紫外线灯照射杀灭病原微生物，适用于消毒间、更衣室的空气消毒及工作服、鞋帽等物体表面消毒。

火焰消毒：用酒精、汽油、柴油、液化气等产生火焰的器具进行瞬间灼烧灭菌，适用于兔笼、产仔箱及耐高温器物的消毒。

（二）消毒方法

人员消毒：工作人员进入生产区需经消毒室踩踏消毒垫，气雾消毒，消毒液洗手或洗澡，然后更换工作服、工作帽、胶靴后，经消毒专用通道进入。工作服、鞋帽禁止穿出生产区，非生产性用品禁止带入生产区。工作服和鞋帽等应定期清洗和更换，使用后的工作服、鞋帽清洗后，用消毒液浸泡30min，再用清水清洗，晒干后使用。外来人员须经严格消毒程序方可进入生产区。

环境消毒：兔场大门处应设消毒池和车辆消毒点，其规格应满足运输车辆的消毒要求。大门人员入口处应设消毒设施。生产区入口处应设消毒池、消毒间。消毒池长、宽、深与本场运输车辆相匹配。消毒间应安装紫外消毒灯管和喷雾消毒设备，同时设有更衣室，必要时可设沐浴室。每栋兔舍入口处宜设脚踏式消毒盆或手部消毒小型喷雾器。兔场内应配备火焰消毒器或喷雾消毒器等消毒设备。应保持场区清洁，定期对场区内道路、兔舍周围环境消毒。

（三）兔舍消毒

新建兔舍消毒：先将兔舍笼具、接粪板、屋顶、墙壁、地面等清扫干净，待干燥后使用1%百毒杀自上而下进行喷雾消毒。

空舍期兔舍消毒：首先将兔舍内垫料、粪便等清理完毕，对笼具进行火焰消毒，然后依次对屋顶、墙壁、进风窗、地面等进行清扫，用高压冲洗机分别冲洗兔舍内的墙壁、地面，做到不留死角。搬出可拆卸用具及设备，消毒液浸泡、洗净、晾干。然后关闭门窗，对兔舍进行喷雾消毒。空舍消毒至少2 d后方可使用。

带兔兔舍消毒：家兔带兔消毒时间一般选择在15d龄以后，喷雾消毒时先将笼中接粪板上的粪便以及笼上的兔毛、尘埃和杂物清理干净，然后用消毒药进行喷雾消毒。宜按照从上到下，从左到右，从里到外的原则进行喷雾消毒。应使喷头向上喷出雾粒，雾粒大小宜控制在80~120μm，喷至笼具上挂小水珠方可。切忌直接对兔头喷雾。仔兔开食前每隔2d消毒1次；开食后断奶前，每隔4~5d消毒1次；幼兔每星期消毒1次；青年兔每15d消毒1次；免疫接种前后3d应停止消毒。带兔消毒宜在中午前后进行。冬、春季节宜选择天气好、气温较高的中午进行。

（四）饮水消毒

定期清理水线污垢，必要时加酸化剂或百毒杀浸泡消毒。定期监测饮水中细菌总数和大肠杆菌数等指标，可在饮水中加入漂白粉，使氯离子达到有效含量，以杀灭病原微生物。

（五）器具消毒

定期清洗饮水器、料槽等用具，至少每周1次，可用0.2%过氧乙酸浸泡或喷洒消毒。将产仔箱内垫草等杂物清理干净，用消毒液喷洒或进行火焰消毒。免疫或注射给药所用的连续注射器，非一次性针筒、针头及相关器械每次使用前后均需高压消毒。抗体检测、微生物检测及其他实验室试验废弃物需经高压处理或直接焚烧处理。推车、笼具、锹、铲等工具在使用后应立即洗刷干净，干燥后熏蒸或喷洒消毒，然后分类存放于指定地点备用。运输笼用完后应冲刷干净，阳光下暴晒2~4h。

（六）发生疫病后的消毒

兔场发生疫病时，应迅速隔离病兔，专人饲养和治疗。对病兔笼具进行火焰消毒。

二、卫生要求

兔场应设置有舍区、场区和缓冲区。周围应有围墙，并设绿化隔离带。兔场应有完整的防疫体系，各项防疫措施完整、配套、简洁和实用。

兔场管理人员应具有畜牧兽医专科及以上学历，具有肉兔或种兔养殖相关知识，熟悉国家相关政策和法律法规。生产人员和技术人员应身体健康，防止人人之间或人兔之间传播疾病。

兔场内不应有除兔以外的其他动物，应做好杀虫、灭鼠等工作。

三、隔离

引进的兔应严格隔离。饲养人员观察到兔群异常，应及时报告兔场兽医人员，对异常兔群进行隔离。

四、疫病预防

（一）免疫接种

兔饲养场应根据当地实际情况，制定疫病的预防接种规划和免疫程序，免疫程序参考附录1。

（二）药物预防

根据兔群的日龄和健康状况使用药物。

（三）驱虫

在兽医人员的指导下，选用高效、安全、广谱的抗寄生虫药物进行驱虫。

五、疫病监测和净化

兔场应结合当地实际情况制定兔病毒性出血症、兔巴氏杆菌

病、兔黏液瘤病、野兔热、沙门氏菌病等疫病的监测方案，并定期进行监测。应根据当地兔疫病状态制定兔病毒性出血症、沙门氏菌病等疫病的净化方案。

六、疫病控制

肉兔场发生疫情时，应按照《中华人民共和国动物防疫法》相关规定与程序进行疫情报告。对发病兔群进行隔离和药物防治，对污染的饲养设施、设备、环境等进行彻底清洗和消毒。

七、无害化处理

（一）废弃物处理

对污染的饲料、垫料等废弃物以及粪便、污水进行无害化处理。

（二）病死兔处理

采用焚烧、深埋、化制等方法，具体按照《病死及病害动物无害化处理技术规范》（农医发〔2017〕25号）的规定进行无害化处理。

附录3　兔场常用消毒剂

1. 季铵盐类消毒剂：包括度米芬、癸甲溴铵（百毒杀）等，无毒性、无刺激性、气味小、无腐蚀性、性质稳定，适用予皮肤、黏膜、兔体、兔舍、用具、环境的消毒。

2. 卤素类消毒剂：包括次氯酸钠、次氯酸钙、氯化磷酸三钠、二氯异氰尿酸钠、氯胺T、三氯异氰尿酸、碘化钾、碘伏等，具有广谱性，可杀灭所有类型的病原微生物，适用于环境、兔舍、用具、车辆、污水、粪便的消毒。

3. 醛类消毒剂：包括甲醛、戊二醛等，性质稳定、低温环境下仍有效，适用于空兔舍、饲料间、仓库及兔舍设备的熏蒸消毒。

4. 过氧化物类消毒剂：包括过氧乙酸、高锰酸钾、过氧化氢和臭氧等，具有广谱、高效、无残留的特点，能杀灭细菌、真菌、病毒等，适用于兔舍带兔喷雾消毒、环境消毒等。

5. 醇类消毒剂：包括乙醇和异丙醇等，属于中效消毒剂，通过凝固蛋白质杀灭病原微生物，适用于皮肤、容器、工具的消毒。

6. 酚类消毒剂：包括苯酚、甲酚、克辽林、卤代苯酚及酚的衍生物等。该类药物性质稳定，适用于空的兔舍、车辆、排泄物的消毒。

7. 碱类消毒剂：包括氢氧化钠、氢氧化钾、生石灰、草木灰、碳酸钠等，对病毒、细菌的杀灭作用均较强，高浓度溶液可杀灭芽孢，适用于墙面、消毒池、贮粪场、污水池的消毒。

8. 酸类消毒剂：包括乳酸、醋酸、硼酸等，毒性较低，杀菌力弱，适用于对空气消毒。

9. 表面活性剂类消毒剂：包括阳离子表面活性剂类如醋酸氯己定（洗必泰）和阴离子表面活性剂类如肥皂，具有无毒、无刺激、气味小、无腐蚀性、性质稳定等特性，适用于皮肤、黏膜、兔体等的消毒。

参考文献

程相朝，薛帮群. 2009. 兔病类症鉴别诊断彩色图谱[M]. 北京：中国农业出版社.

谷子林，秦应和，任克良. 2013. 中国养兔学[M]. 北京：中国农业出版社.

金华杰. 2014. 养兔场几种常见兔病的病因与防治[J]. 养殖技术顾问（11）：78-79.

刘长浩. 2016. 规模化兔场的疫苗选择及免疫监测[J]. 中国养兔（6）：32-33.

史玉颖，黄兵，孙海涛，等. 2018. 一例兔大肠杆菌病的诊治及分析[J]. 中国养兔（1）：30-31.

史玉颖，王光敏，刘希贵，等. 2018. 兔魏氏梭菌病的综合诊治及分析[J]. 中国养兔（4）：36-38.

徐铭. 2016. 兔巴氏杆菌病及其防控措施[J]. 中国畜牧兽医文摘（8）：153-154.

杨玉荣，李艳玲，陈二平. 2015. 兔幼兔常见消化系统病的诊断与防治措施[J]. 中国养兔（5）：39-40.

于新友，李天芝. 2016. 家兔疫苗免疫失败原因及预防措施[J]. 中国养兔（4）：27-29.

赵巧雅，吴静，姜亦飞，等. 2019. 鼻炎症状兔的细菌感染情况调查与分析[J]. 中国草食动物科学，39（3）：45-47.